U0155447

哈哈哈！有趣的动物（第一辑）

〔法〕蒂埃里·德迪厄 著
大南南 译

湖南教育出版社
·长沙·

“我仔细想了想，
打扮成这样并不适合观察鸡。”

鸡是一种鸟类。

它有两只翅膀，但是飞不高，也飞不久。

鸡吃虫子、草、昆虫、种子，

也吃石子，石子有利于磨碎食物。

喔 喔

每天日出时分，公鸡会准时打鸣。

喔
喔

母鸡一天可以下一个蛋。

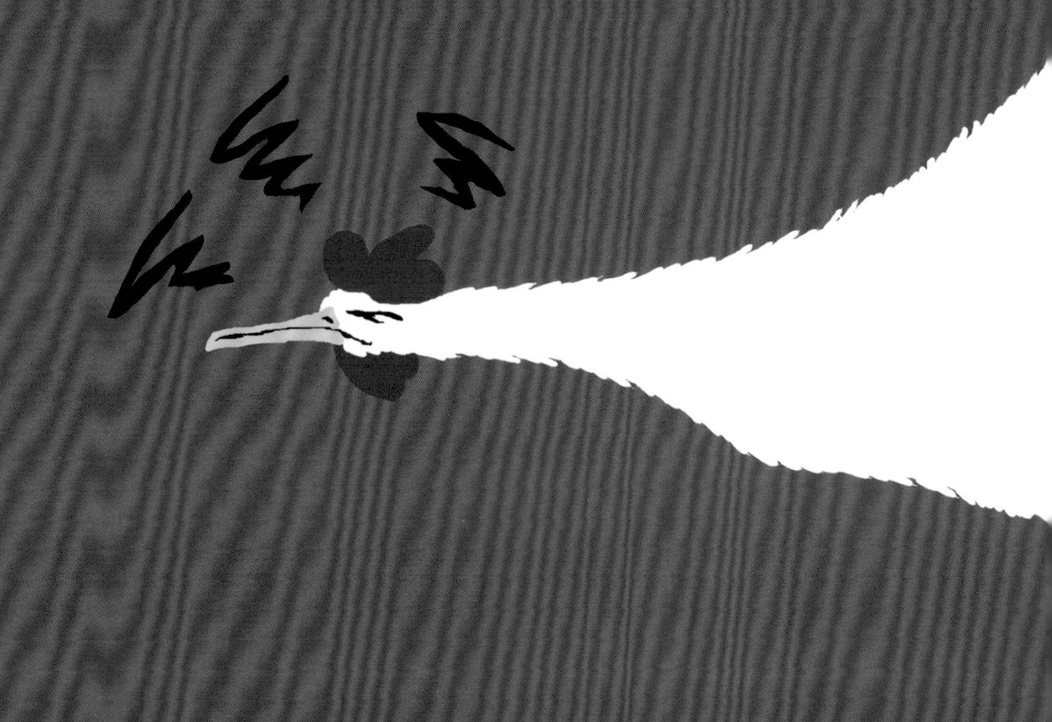

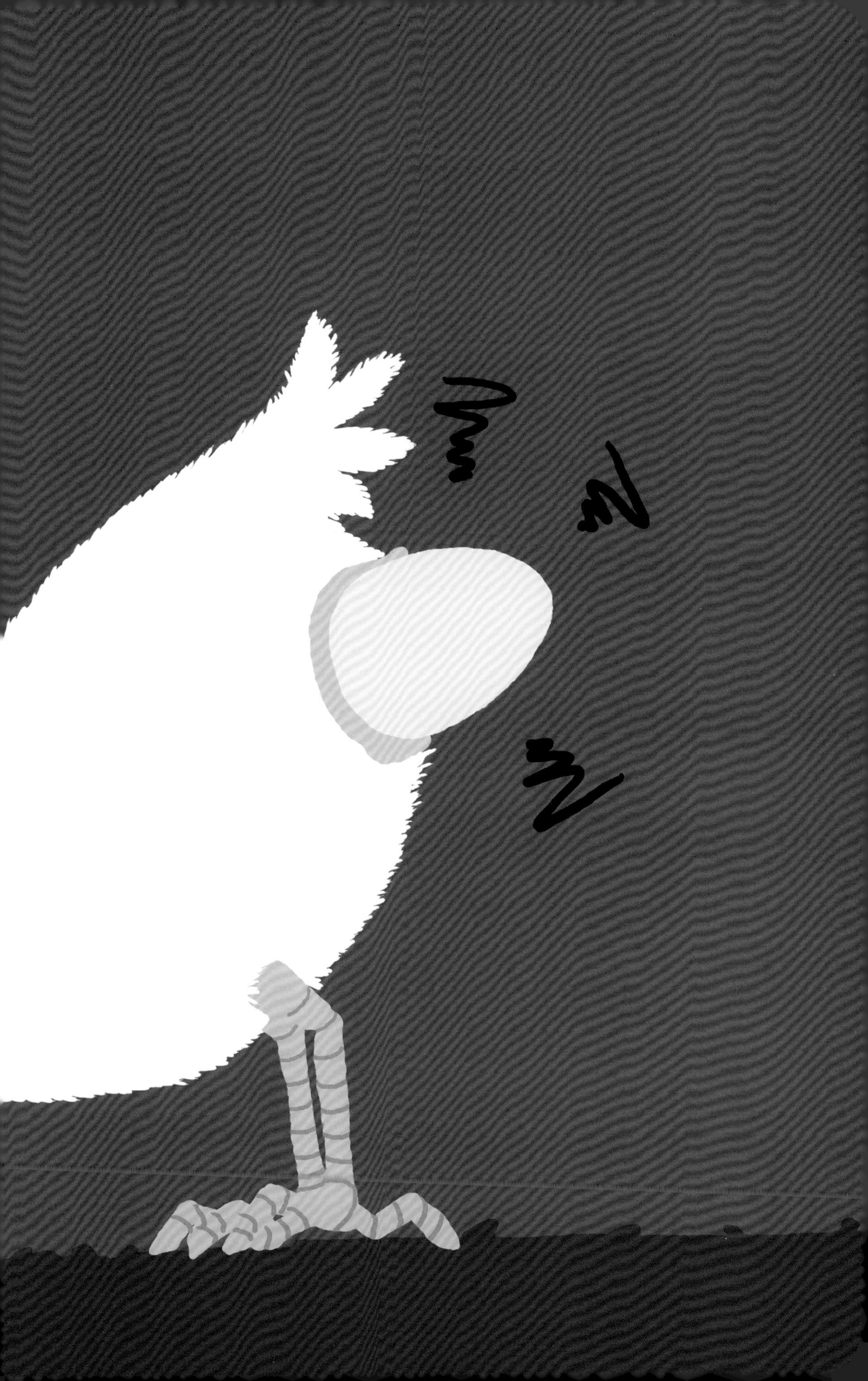

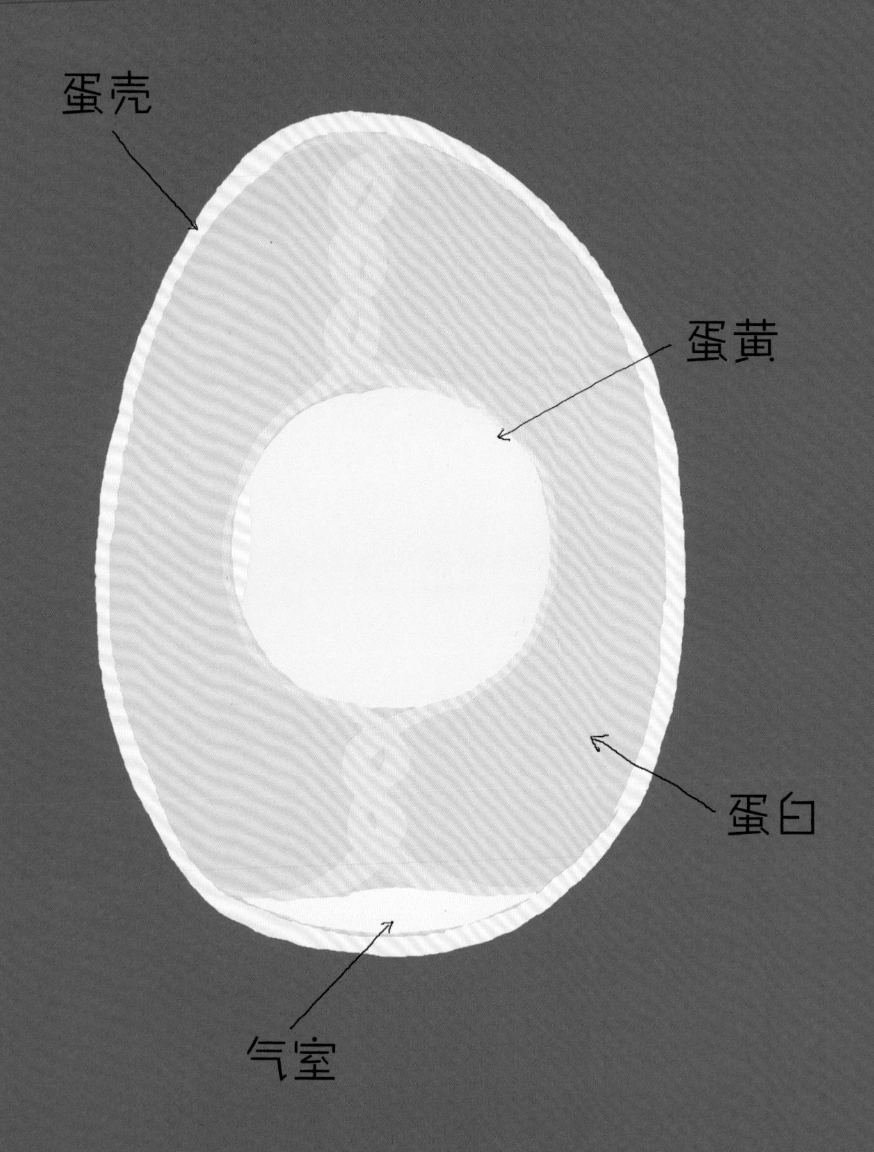

鸡蛋是厨房里常用的食材。

可以用来做糕点、意大利面，
还可以做成煎蛋、煮鸡蛋、鸡蛋饼。

母鸡孵蛋需要21天。

鸡宝宝破壳而出，慢慢变成小鸡，
最终长成母鸡或公鸡。

狐狸会偷鸡，是鸡的天敌之一。

现在，很多养殖鸡一生都见不到阳光。

烤鸡是小朋友们喜欢的一道菜！

“一只鸡站在墙上，嘴里啄着面包，啄着，啄着，扬起尾巴就走了。这是真的哦。”

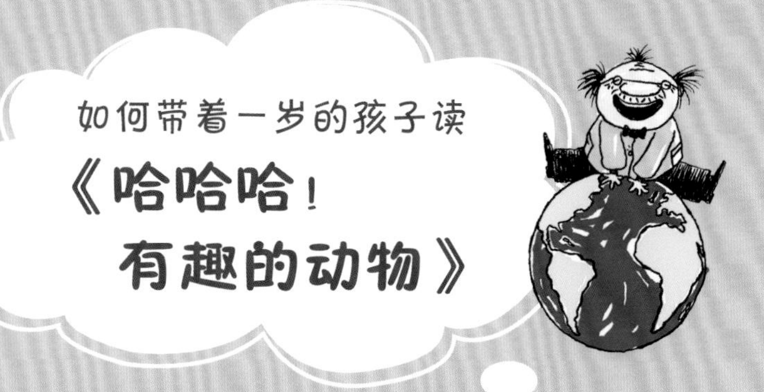

如何带着一岁的孩子读
《哈哈哈！
　有趣的动物》

一岁的孩子就能读科普书？

没错，因为这是永田达爷爷特别为低龄小朋友准备的启蒙科普书。家长们会发现，这本书的文字量很少，画面传递的信息非常精简，但是非常有趣，特别适合爸爸妈妈跟孩子进行亲子阅读。

赶紧和孩子一起翻开这本《鸡》，跟着永田达爷爷一起来观察鸡吧！

翻开书之前，可以拿出家里的鸡蛋，告诉孩子们，这些鸡蛋如果没有被送上餐桌，在鸡妈妈的孵化下，21天左右就可以变出小鸡。母鸡负责下蛋，公鸡则会在日出时分准时打鸣。爸爸妈妈可以带着孩子一起学学公鸡打鸣，“喔喔喔——”。让孩子猜一猜，鸡喜欢吃什么？有一种食物是我们绝对想不到的，那就是石头，鸡为什么吃小石头呢？鸡蛋是我们生活中常见的食材，可以做出很多美味的食物，除了书中提到的，问问孩子还知道什么用鸡蛋做的美食。

图书在版编目（CIP）数据

哈哈哈！有趣的动物. 第一辑. 鸡 / (法) 蒂埃里・德迪厄著；大南南译. 一长沙：湖南教育出版社，2022.11
ISBN 978-7-5539-9284-6

Ⅰ. ①哈… Ⅱ. ①蒂… ②大… Ⅲ. ①鸡－儿童读物 Ⅳ. ①Q95-49

中国版本图书馆CIP数据核字（2022）第190752号

HAHAHA! YOUQU DE DONGWU DI-YI JI JI
哈哈哈！有趣的动物 第一辑 鸡

责任编辑：姚晶晶 陈慧娜 李静茹
责任校对：王怀玉
封面设计：熊 婷
出版发行：湖南教育出版社（长沙市韶山北路443号）
电子邮箱：hnjycbs@sina.com
客服电话：0731-85486979
经 销：湖南省新华书店
印 刷：长沙新湘诚印刷有限公司
开 本：787 mm × 1092 mm 1/16
印 张：1.75
字 数：10千字
版 次：2022年11月第1版
印 次：2022年11月第1次印刷
书 号：ISBN978-7-5539-9284-6
定 价：152.00 元（全8册）